PAIX AUX ANIMAUX!...

LEÇONS COMPLÉMENTAIRES

D'AGRICULTURE

OU

CONSEILS D'UN INSTITUTEUR A SES ÉLÈVES

Sur les bons traitements qu'ils doivent aux Animaux

Suivis

DE CONSIDÉRATIONS SUR L'UTILITÉ DES OISEAUX EN AGRICULTURE
ET SUR LA GUERRE IMPITOYABLE QUE LEUR FONT LES HOMMES ET LES ENFANTS.

Par J.-M. SOREL,
Instituteur public, Membre de l'Association Normande.

Ouvrage couronné par la Société protectrice des Animaux.

PARIS
LIBRAIRIE CLASSIQUE DE PAUL DUPONT
Rue de Grenelle-Saint-Honoré, 45.

1865

SOCIÉTÉ PROTECTRICE DES ANIMAUX

SIÉGEANT A PARIS.

SÉANCE SOLENNELLE TENUE A L'HOTEL DE VILLE DE PARIS, LE 16 MAI 1864.

Extrait du Rapport *sur les ouvrages d'éducation, d'agriculture et de littérature, utile à la propagation des principes de la Société, par* M. Genty de Bussy, *vice-président de la Société*.

Le choix de l'heureux titre : **Paix aux animaux!** donné au manuscrit dont nous a fait hommage M. Sorel, instituteur public à Flamets-Frétils, actuellement à Fultot (Seine-Inférieure), est justifiée, et la précision qu'il a mise à traiter son sujet ne nuit point à l'élégance d'un style auquel on ne peut reprocher que d'être de temps en temps un peu au-dessus des jeunes élèves du maître ; ce serait presque là le cas de dire que le mieux est quelquefois l'ennemi du bien.

Nous accordons à M. Sorel une **Médaille de bronze.**

PAIX AUX ANIMAUX!...

SOCIÉTÉ IMPÉRIALE ET CENTRALE

D'AGRICULTURE

DU DÉPARTEMENT DE LA SEINE-INFÉRIEURE.

Séance publique tenue à l'Hôtel de Ville de Rouen, le 31 juillet 1864.

UTILITÉ DE L'ENSEIGNEMENT AGRICOLE.

Extrait du Rapport *sur les récompenses à décerner aux Instituteurs du département qui ont professé dans leurs classes l'enseignement agricole, par* M. le comte D'ESTAINTOT, *archiviste de la Société et président de la Société impériale et centrale d'horticulture.*

M. SOREL, instituteur public, à Flamets-Frétils, arrondissement de Neufchâtel (actuellement à Fultot, arrondissement d'Yvetot), a fait hommage à la Société centrale d'agriculture d'un cours supplémentaire qu'il a rédigé, portant ce titre : « **Paix aux animaux!** Conseils d'un « instituteur à ses élèves sur les bons traitements qu'ils « doivent aux animaux, suivis de quelques considérations « sur l'importance et l'utilité des oiseaux en agriculture. »

Nous avons trouvé dans l'introduction de ce Manuel la pensée d'un homme de cœur et d'un père de famille qui s'attache à développer chez les enfants qui lui sont confiés les beautés de la nature et des êtres animés qui en font le charme. — Si, dès le jeune âge, nous ne nous efforçons pas à faire naître les bons instincts dont l'enfance est douée, il est à craindre qu'elle ne laisse germer les mauvaises passions qui plus tard en feront son esclave.

L'auteur pense, et nous sommes de son avis, qui si Dieu a assujetti l'animal à l'homme, celui-ci en échange lui doit de bons traitements.

Il fait passer sous les yeux de l'enfant les animaux avec lesquels il vit journellement, qu'il voit, qu'il connaît.....

« Tous ces êtres dociles, ajoute-t-il, seront un jour sous votre domination; c'est alors que mes leçons vous seront profitables. »

Dans un chapitre intitulé : *Des Animaux nuisibles*, nous trouvons d'excellents préceptes philosophiques produits sans pédantisme.

Il devenait difficile de faire saisir à ses élèves que s'ils doivent aimer les animaux, ils peuvent cependant exercer, sur certains, le droit de mort sans pitié.

Les animaux nuisibles, leur explique-t-il dans des pages que dicte le cœur, « sont, comme les animaux domestiques, créés par Dieu, qui les a mis sur la terre dans un but certainement utile, mais qu'il lui a plu de nous cacher ! S'il nous est permis de les mettre à mort quand ils sont préjudiciables à nos biens et à nos personnes, que ce soit sans inhumanité ;

« Que ce soit toujours dans le cas de nécessité, car il est cruel d'arracher à des animaux inoffensifs une vie si chère à toutes les créatures. »

M. Sorel soutient sa thèse avec un rare discernement ; son sujet a été traité par beaucoup d'hommes supérieurs, et il a encore su glaner et nous instruire.

Nous passons bien des chapitres de cet ouvrage pour reposer un instant votre attention sur celui dans lequel il fait connaître l'*importance et l'utilité des oiseaux en agriculture*. S'élevant ensuite contre cette guerre acharnée que leur font les homme et les enfants :

« Tous les végétaux, apprend-il à son jeune auditoire, ont, depuis les arbres de nos forêts jusqu'aux herbes de nos champs, jusqu'aux légumes de nos jardins, des ennemis insaisissables répandus par milliers dans l'espace, qui se propagent d'une manière effrayante, causant chaque année des pertes immenses aux cultivateurs et aux jardiniers.

« Impuissant à les détruire, ce qu'il ne peut faire, les oiseaux le font pour lui.

« L'homme, rapporte un savant auteur, ne peut vivre sans les oiseaux, mais les oiseaux peuvent vivre sans l'homme. »

« Ils sont la milice protectrice de l'agriculture et de l'horticulture, des alliés naturels que nous devons, par reconnaissance et par raison, protéger et non détruire, sans quoi nous sommes les artisans de notre propre ruine. »

« Funeste chasse sera celle où l'on mettra à mort les *troglodites* et les *roitelets*, non moins funeste chasse sera celle de ces tireurs qui, pour trophée de leur adresse, abattent une hirondelle au vol.

« L'arme meurtrière, si riche qu'elle soit, ne vaut pas le prix de l'inoffensif oiseau qu'elle abat, car il s'est nourri par milliers des insectes qui eussent surpassé en nombre ces myriades de grains de sable que la mer, dans son repos, laisse à découvert.

« Ingrats que nous sommes! nous n'avons de sensibilité que pour le mal présent, sans écouter la prudence qui dicte de songer à celui que la sagesse nous enseigne d'éviter; pas un de nous ne compterait les pertes que le cultivateur et le jardinier éprouveraient sans ces voyageurs insectivores. »

« Laissez donc, enfants, aux oiseaux utiles leur liberté; reconnaissez avec plus de discernement vos amis; soyez émus à la tendresse de ces mères qui, plutôt d'abandonner leur petits, se livrent à vous sans défense; si vous avez la cruauté de lui ravir ses petits, ne soyez pas insensibles à ses cris désespérés, qu'elle lance vers le ciel comme une malédiction contre le ravisseur. »

« Eh quoi! ajoute M. Sorel, après avoir été témoins de ce touchant spectacle de l'amour maternel, vous ne vous corrigeriez pas, vous recommenceriez vos chasses à travers les bois, détruisant les nids et les œufs!..... »

« Non, mes chers enfants, vous ne le ferez plus, car je demande pitié pour eux,..... pitié pour eux!....... »

Le langage que tient l'auteur dont nous avons analysé l'ouvrage nous a paru non moins bien écrit qu'utile à des écoliers, dont l'âge est impitoyable envers les pauvres animaux.

Les leçons de M. Sorel ne peuvent que mériter notre plus sincère éloge; aussi, voulant le récompenser de son zèle, la Société d'Agriculture lui vote **une Médaille d'argent et 100 fr.**

PAIX AUX ANIMAUX!...

» Cet âge est sans pitié! »

LA FONTAINE.

INTRODUCTION

A MES ÉLÈVES.

Mes chers enfants, dans les quelques notions d'*Histoire naturelle* que je vous ai enseignées vous avez appris à connaître la nature des animaux domestiques, leurs mœurs, le climat où ils doivent vivre, la nourriture qui leur convient le mieux, etc.....

Dans mes leçons sur l'*Agriculture*, je vous ai fait connaître les travaux auxquels vous pouvez plus utilement employer ces mêmes animaux, la manière la plus convenable de les loger, les procédés les plus avantageux pour tirer parti de leurs produits, etc.... Mais ces deux belles sciences, toutes complètes qu'elles sont, ne vous disent pas que vous êtes obligés de par la loi et la raison, de traiter avec humanité les animaux que vous employez à vos travaux agricoles, et ceux même qui sont complétement étrangers à ces travaux. Elles ne vous disent pas que votre cruauté n'est bonne qu'à fausser les sentiments de votre cœur. Elles ne vous disent pas, enfin, que Dieu juge sévèrement les enfants qui s'arrogent un droit qu'ils n'ont pas en détruisant ou en faisant soufrir ses créatures.

C'est pourquoi, dans cet opuscule, je me propose de vous donner quelques leçons destinées à compléter mes précédents cours sur l'agriculture et les sciences naturelles.

Dans ces leçons, je m'efforcerai de vous prouver que ce n'est pas par des coups inutiles et immérités que les durs labeurs des animaux domestiques doivent être payés.

J'essaierai d'émouvoir votre cœur en faveur des gracieux petits oiseaux que vous détruisez impitoyablement, malgré les immenses services qu'ils vous rendent en protégeant vos maisons et vos fruits contre les ravages des insectes.

J'élargirai même un peu le cadre de mon travail pour vous parler de la pitié que vous devez à tous les animaux inutiles, ou nuisibles à vos intérêts personnels.

Et, si je réussis à vous convaincre et à vous corriger, je serai récompensé de bien des peines. Je me réjouirai de m'être consacré à développer vos jeunes intelligences, car, j'ai à cœur de vous voir tous, dans un prochain avenir, devenir de bons citoyens, utiles à vos semblables, utiles à votre pays !

CHAPITRE Ier

Considérations générales.

I

L'homme, mes enfants, dont le cœur n'est pas encore corrompu, est naturellement porté à la compassion envers les animaux, qui sont, comme lui, des êtres doués de sentiment et de vie.

Mais combien est grand le nombre des hommes qui abusent de leur intelligence et de leur force, en s'arrogeant à tort un empire illimité sur les animaux dont Dieu leur a permis l'usage !

Jamais à leur égard ces hommes ne consultent la raison ; jamais, ils ne prennent leur conscience pour guide : leur caprice seul est le maître.

Si les animaux sont la propriété de l'homme est-il juste que son prétendu droit dégénère en tyrannie et en cruauté? S'il a perdu le respect de sa dignité au point de se laisser aller à la colère envers des bêtes inintelligentes, pour satisfaire ses instincts méchants, ne tombera-t-il pas bientôt, par la bassesse de ses sentiments, au-dessous de ces animaux qu'il méprise tant?

Je vous fournirais mille preuves, mes enfants, que la compassion que nous avons pour les animaux influe sur notre caractère et adoucit nos mœurs, tandis que la cruauté produit un effet tout à fait contraire.

Il est vrai que les animaux ont été destinés par Dieu à alléger vos travaux, à servir à vos besoins, à vous nourrir même ; mais, il est injuste que, pour cette raison, vous les brutalisiez, que vous les fatiguiez sans besoin.

Vous ne devez pas, après les avoir employés à des travaux souvent au-dessus de leurs forces, leur refuser la nourriture qui doit réparer ces forces qu'ils ont dépensées à votre service.

II

Votre cœur ne vous dit-il rien, mes petits amis, quand, au mépris des lois de la pitié et de la raison, vous martyrisez les pauvres animaux? N'oubliez pas que ces pauvres êtres n'ont, lorsque vous les frappez, que le sentiment de la douleur, sans qu'ils puissent comprendre, malgré leur instinct, le sujet de votre colère insensée.

Pouvez-vous rester insensibles à l'agonie cruelle de ces êtres que Dieu, leur maître et le vôtre, a créés, et que vous mettez à mort avec tant de barbarie!

De quel droit, vous qui ne pouvez rien créer, qui ne pouvez produire que des œuvres imparfaites, de quel droit, dis-je, osez-vous porter la main sur les œuvres si parfaites du Créateur?

Vous ne pensez sans doute pas que Dieu a

créé tous ces animaux pour vous servir de jouets ?

Non, mes enfants, chaque animal, si infime qu'il soit, a sa place marquée à l'avance ; il est un des innombrables rouages de la sublime machine de l'univers, dont Dieu est tout à la fois et le *créateur* et le *moteur*.

Si vous preniez en considération les immenses services que la plupart de ces animaux rendent à l'agriculture, loin de les frapper et de les détruire, vous les aimeriez; vous chercheriez par de bons traitements à atténuer la dureté de leurs travaux; vous jetteriez quelques poignées de grain aux petits oiseaux mourant de froid et de faim sous la neige.

III

Mille exemples, mes enfants, vous prouvent la reconnaissance de l'animal : toujours il s'attache au maître qui le soigne et le caresse.

Parmi ces exemples, je vous en citerai un, arrivé tout récemment dans le nord de la France.

Un charmant petit garçon à la blonde chevelure, chéri de ses parents et de ses connaissances, avait pris la louable habitude de partager chaque jour ses friandises avec un jeune poulain qui devint bientôt son ami.

Un jour, pendant que la bonne, chargée de sa garde, faisait le ménage à un des étages supérieurs de la maison, l'enfant jouait dans la cour sur l'herbe, près du poulain qui paissait.

Étourdi et sans précaution, comme vous l'êtes tous, le bambin profita de l'absence de sa surveillante pour aller avec de petites pierres faire des *ronds* dans l'eau d'un puits voisin de l'endroit où il jouait.

L'eau s'élevant presque à fleur de l'orifice du puits, il voulut ensuite y atteindre avec la main. Un faux mouvement lui fit perdre l'équilibre et il tomba dans le puits en jetant un cri perçant.

Le poulain, à cet appel suprême, lève la tête et voit son jeune ami surnageant encore sur l'eau et près de disparaître ; mais, plus prompt que l'éclair, il s'élance d'un bond au bord du puits, saisit avec sa bouche l'imprudent que l'eau enveloppe déjà et le dépose sur l'herbe aux pieds de sa bonne terrifiée?

Si au lieu de caresser le poulain et de s'en faire un ami par ses soins, l'enfant l'eût frappé, que serait-il arrivé?... Le pauvre petit était perdu, et ses parents seraient aujourd'hui inconsolables de sa perte!...

Deux anecdotes vous prouveront, mieux que ne pourraient le faire mes paroles, jusqu'où peut aller l'instinct ou mieux l'intelligence de certains animaux. Puissiez-vous en faire votre profit!

« L'angora familier d'un salon du grand monde, sortant de ses habitudes aristocratiques, était allé faire à la cave une de ces excursions si chères aux individus de la race féline.

« Il rencontra sur la dernière marche de l'escalier un pauvre chat de gouttière, blessé, mourant de faim, presque agonisant.

« Notre angora, touché de compassion pour

son malheureux confrère, le relève de son mieux, et, marchant devant lui en miaulant avec douceur, le conduit à la cuisine, où il le place devant une tasse de lait chaud préparée pour son propre déjeuner.

« La cuisinière ayant voulu donner la chasse à l'intrus, dont la mine semblait peu avenante, l'angora, si doux d'ordinaire, hérissa son poil, et faisant un grognement de colère, se mit entre son hôte et celle qui voulait l'expulser.

« Quand son protégé eut été bien réconforté, il le reconduisit au bas de l'escalier et ne revint au logis qu'après avoir accompli jusqu'au bout son œuvre de charité. »

La seconde anecdote a pour héros un petit griffon-terrier du nom de Boulot.

« Une nuit, pendant que Boulot couchait à l'écurie, un cheval se trouvant en proie à une de ces terreurs inexplicables qui arrivent assez souvent aux animaux de sa race, avait brisé d'une ruade la porte, et, à demi étranglé par sa longe, se débattait dans sa stalle de la façon la plus inquiétante.

« Le chien se hâta de monter à la chambre du cocher, qui se trouvait au septième étage; là, il se mit à gratter et à aboyer jusqu'à ce que le cocher lui ouvrît. Après quoi, sans laisser à celui-ci le temps de se vêtir, il le tira, d'un air impatient et effaré, par sa chemise, et l'obligea à descendre à l'écurie pour porter secours au cheval; il était grand temps, en effet, que l'on arrivât. »

Par un dernier exemple, je vous prouverai que les animaux sont très-sensibles aux bons comme aux mauvais traitements.

« Un vieux cheval appartenant à un maître avare et sans cœur avait l'habitude de paître sur les côtés de la route. Faute d'une meilleure nourriture, il se contentait de quelques brins d'herbe qui croissent habituellement sur le revers des fossés.

« Ce pauvre cheval, déjà si malheureux, était chaque jour en butte aux mauvais traitements d'enfants polissons, qui, en revenant de l'école, lui faisaient mille tours.

« Un jour, le cheval impatienté avise un des

polissons placés à sa portée, le saisit par la blouse et le lance dans le fossé plein d'eau, où le garnement se met à barbotter comme un canard.

« Ses camarades le tirèrent du bourbier où son méchant cœur l'avait conduit, et il retourna, tout crotté et tout honteux chez ses parents, « *jurant, mais un peu tard, qu'on* « *ne l'y prendrait plus.* »

Je regrette beaucoup, mes amis, que les animaux que vous tourmentez ne possèdent pas tous les moyens de vous châtier sur-le-champ, et que ceux qui ont ces moyens n'en usent pas envers vous.

Peut-être seriez-vous plus réservés et plus avares de vos coups.

Je vous parle un langage bien sévère, n'est-ce pas? Eh bien! mes chers enfants, si j'agis ainsi c'est pour votre bien; c'est pour vous ramener à des sentiments plus en harmonie avec votre dignité.

Tous ces êtres dociles seront un jour sous votre domination; c'est alors que mes leçons vous seront profitables.

Suivez donc avec attention, et avec la ferme volonté de les prendre pour guide, les conseils que je vous développerai dans les chapitre suivants : votre cœur gagnera en bonté et les animaux n'y perdront pas.

CHAPITRE II

Les Animaux domestiques.

I

LE CHEVAL.

Pourquoi maltraiter le cheval, cet animal si noble et si intelligent, qui renonce à son être pour n'exister que par la volonté d'un autre, et dont la vie n'est qu'un long esclavage ?

Pourquoi le frapper cruellement, sous prétexte de correction, pour des fautes qu'il n'a point commises et qui, souvent, sont les nôtres, soit à cause de notre maladresse, soit à cause de notre négligence ?

Dans les champs, quand vous apercevez des chevaux ou des bœufs (le bœuf rend à l'agriculture les mêmes services que le cheval) attelés à une charrue ou traînant de lourds chariots, considérez si d'aussi durs travaux doivent être récompensés par des coups; représentez-vous ce que deviendrait l'agriculture si elle était privée de ces auxiliaires.

Que serait l'homme sans le cheval? Que pourrait son faible bras, s'il n'avait qu'une bêche pour labourer ces immenses plaines aujourd'hui si productives?

Elles resteraient incultes. A la place de ces beaux épis courbés sous le poids des grains, la terre ne produirait que des ronces et des épines.

Quand vous avez besoin de faire un long voyage, si vous n'aviez le cheval pour vous transporter où vos affaires et vos plaisirs vous appellent, vous seriez obligés de parcourir de grandes distances, les pieds dans la boue ou dans la neige.

Sans le cheval, vous ne pourriez transporter au marché les produits de vos fermes; sans lui, vous ne pourriez enlever de la forêt les arbres destinés à votre chauffage ou à la construction de vos demeures; sans lui, enfin, tous les beaux édifices qui font l'ornement de nos cités ne seraient pas construits.

Quelle quantité d'hommes n'eût-il pas fallu pour transporter les pierres qui composent un de ces édifices, quand une seule de ces pierres ne peut être remuée qu'à l'aide de puissantes machines centuplant la force de l'homme!

A ceux d'entre vous, mes enfants, qui seront employés comme charretiers ou comme cochers, je dirai : Soignez les chevaux de votre maître avant vous et mieux que vous-mêmes; ne leur économisez ni la litière ni la nourriture lorsqu'ils reviennent harassés du travail ; et si, quelquefois, par leur mutinerie, ces animaux vous mécontentent, gardez-vous de vous mettre en colère contre eux ; appaisez-les au contraire ; vous les maîtriserez mieux par de douces paroles que par des coups et des blasphèmes.

A ceux qui, par leur position, sont appelés à diriger eux-mêmes une exploitation agricole, je dirai : Cherchez par votre propre conduite à donner à vos serviteurs l'exemple de la douceur et de la modération envers vos chevaux ; ne tolérez jamais chez eux de ces brutalités que le bon sens réprouve et qui font honte à l'espèce humaine. Exigez d'eux qu'ils soient doux envers les chevaux que vous leur confiez et faites-leur comprendre que, en agissant autrement, ils mériteraient votre blâme. Si même ils restent sourds à vos conseils, ne les gardez pas une heure de plus à votre service : il n'y a rien de bon à attendre d'un homme dont le caractère est assez irascible pour frapper un cheval à tout instant et pour la moindre faute.

Ne faites point non plus comme ces insensés qui, par une spéculation mal entendue, doublent ou laissent doubler la charge de leurs chevaux, sans réfléchir qu'ils travaillent contre eux-mêmes, car ces pauvres animaux, dont vous prodiguez les forces, deviennent bientôt, malgré leur jeunesse, incapables de travailler et bons seulement à conduire à l'équarisseur.

N'imitez point ces avares qui, non contents de faire travailler leurs chevaux au delà de leurs forces, ne leur donnent qu'une nourriture insuffisante et de mauvaise qualité ; qui, sans égards pour leurs longs et fidèles services, les vendent lorsqu'ils sont épuisés à des hommes qui les achèvent en les traitant plus durement encore.

Au contraire, mes enfants, au lieu d'exiger de vos chevaux un travail exagéré qui vous appauvrira toujours, introduisez dans vos fermes ces instruments perfectionnés destinés à les soulager. Nourrissez-les bien, traitez-les comme des amis à qui vous devez beaucoup, et n'oubliez jamais leurs services quels qu'ils soient.

Avant de faire endurer de mauvais traitements aux chevaux, méditez ces admirables vers que j'ai lus dans ma jeunesse, et qui sont toujours restés présents à mon esprit. Ils sont peut-être un peu élevés pour vos jeunes intelligences, mais, je les ai transcrits ici ayant le ferme espoir que plus tard, en pensant à moi et à vos leçons d'enfance, vous vous entretiendrez encore quelquefois avec vos livres, véritables amis qui ne trompent jamais.

Alors, vous saurez mieux comprendre ce qui, aujourd'hui, est obscur et inintelligible pour vous. Il en est de même, d'ailleurs, pour quelques autres passages de ce petit ouvrage.

« Le pesant chariot porte une énorme pierre ;
« Le limonier, suant du mors à la croupière,
« Tire, et le roulier fouette, et le pavé glissant
« Monte, et le cheval triste a le poitrail en sang.
« Il tire, traîne, geint, tire encore et s'arrête ;
« Le fouet noir tourbillonne au dessus de sa tête.
« C'est lundi, l'homme hier buvait *aux Porcherons*
« Un vin plein de fureurs, de cris et de jurons.
« Oh ! quelle est donc la loi formidable qui livre
« L'être à l'être, et la bête effarée à l'homme ivre ?
« L'animal, éperdu, ne peut plus faire un pas ;
« Il sent l'ombre sur lui peser ; il ne sait pas,
« Sous le bloc qui l'écrase et le fouet qui l'assomme,
« Ce que lui veut la pierre et ce que lui veut l'homme.

« Et le roulier n'est plus qu'un orage de coups
« Tombant sur ce forçat qui traîne les licous,
« Qui souffre et ne connaît ni repos ni dimanche.
« Si la corde se casse, il frappe avec le manche,
« Et, si le fouet se casse, il frappe avec le pié ;
« Et le cheval, tremblant, hagard, estropié,
« Baisse son cou lugubre et sa tête égarée.
« On entend sous les coups de la botte ferrée,
« Sonner le ventre nu du pauvre être muet!
« Il râle, tout à l'heure encore il remuait,
« Mais, il ne bouge plus et sa force est finie ;
« Et les coups furieux pleuvent : son agonie
« Tente un dernier effort; son pied fait un écart,
« Il tombe et le voilà brisé sous le brancard ;
« Et dans l'ombre, pendant que son bourreau redouble,
« Il regarde quelqu'un de sa prunelle trouble ;
« Et l'on voit lentement s'éteindre humble et terni
« Son œil plein des stupeurs sombres de l'infini,
« Où luit vaguement l'âme effrayante des choses,
« Hélas ! » (1)..........

Criez à ces hommes lâches et cruels qui maltraitent leurs chevaux et qui leur donnent plus de coups de fouet que d'avoine, criez-leur : *Pitié pour eux !*

(1) Victor Hugo. — *Contemplations*.

II

LE CHIEN.

Si le chien n'est pas, comme le cheval, le plus utile auxiliaire de l'homme, il en est assurément le plus fidèle ami. Eh bien ! au mépris du bon sens et de la reconnaissance, cet animal est continuellement en butte à vos méchancetés, tandis que, au contraire, sa fidélité et sa douceur devraient vous inspirer de bons sentiments à son égard, vous porter à le protéger, à l'aimer.

La fidélité du chien à son maître est sans égale : beaucoup d'exemples vous le prouvent sans cesse.

Le chien meurt en défendant son maître, jamais il n'abandonne le combat. Votre ami fuira lâchement quand il verra sa vie en danger, et votre chien, perdant son sang par de nombreuses blessures, se couchera sur votre cadavre et mourra en le défendant.

Un autre ira plus loin encore. Il suivra son maître jusqu'au cimetière et attendra, couché sur la tombe, que la nuit succède au jour pour tenter la délivrance de celui qu'il aime. Et, plein de courage et d'énergie, quand les bruits du dehors se seront éteints, il creusera, creusera toujours jusqu'au moment où ses griffes usées et sanglantes rencontreront la planche du cercueil qu'elles ne pourront entamer. Alors, impuissant contre la mort et ne pouvant arracher au fatal sommeil l'ami qui le nourrissait, il mourra !.....

Et vous accablez de coups un animal aussi fidèle, oh !..... pitié !

Sans le chien que deviendrait le berger? son troupeau s'éparpillerait dans la campagne, pillant les moissons, et ne le maintiendrait que quiconque enclôrait solidement ses pâturages de haies et de barrures.

Le loup, toujours à l'affût, guettant le mouton indocile qui s'écarte des autres, prélèverait sur le troupeau un terrible impôt, si le chien toujours vigilant, n'était là pour maintenir la brebis vagabonde et avertir que l'ennemi est proche.

La nuit, pendant que le berger est plongé dans le sommeil, qui garde le troupeau? Le chien. N'est-il pas là, ne dormant que d'un œil, fidèle à sa consigne et prêt à la défense?

La nuit encore, quand tout dans la ferme est silencieux, si un malfaiteur, profitant de l'obsurité, vient vous attaquer et enlever votre bien, qui vous avertit de la présence du larron et souvent même le met en fuite avant que vous ne soyez prêts? Toujours le chien.

Si, au lieu d'un assassin ou d'un voleur, c'est un malfaiteur d'un autre genre, un animal carnassier qui s'attaque à votre bétail, le chien par ses aboiements réitérés avertit l'ennemi qu'il trouvera une sérieuse résistance. Alors si la bête fauve ne tient pas compte des avertissements de l'incorruptible gardien et avance encore, vous êtes debout et sur vos gardes.

Il y aurait beaucoup à dire, mes enfants, sur la fidélité du chien et sur les services qu'il rend à l'homme, mais je m'arrête.

Je ne terminerai cependant pas ce paragraphe sans vous dire quelques mots sur les *chiens du mont Saint-Bernard* dont l'admirable instinct a arraché tant de voyageurs à la mort.

Le Grand-Saint-Bernard est un des pics les plus élevés des Alpes; son sommet est éternellement couvert de neige.

Sur ses flancs, la végétation, si vigoureuse sous le chaud climat de l'Italie, s'épuise et meurt.

Tout est muet dans cette nature désolée et stérile.

Le silence du désert n'est troublé que par les mugissements d'un torrent alimenté par les neiges et se précipitant avec fracas dans les gorges du Valais, ou par les aigres sifflements de l'ouragan qui passe à travers les rameaux des sapins, maigre végétation de ce sol aride.

L'homme ne se hasarde dans ces dangereuses solitudes que poussé par la plus impérieuse nécessité. Et pourtant, combien de voyageurs sont obligés de se rendre de la Suisse en Italie par la route qui traverse le désert immense dont les confins touchent, d'un côté, au village Saint-Remy sur le versant italien, et, de l'autre, au village Saint-Pierre sur le versant suisse !

Seul, au milieu des glaces et des neiges de ces cimes dont la plus basse s'élève à plusieurs milliers de mètres au-dessus du niveau de la mer, se trouve un hospice fondé au dixième siècle par *saint Bernard de Menthon*, qui choisit ce redoutable lieu pour sa patrie afin de se dévouer entièrement au salut de ses frères forcés de traverser le désert.

Le saint fondateur, ne pouvant seul porter des secours efficaces aux voyageurs en péril, s'adjoignit plusieurs disciples qui lui aidèrent à disputer la vie de ces malheureux à la neige, aux avalanches et aux tempêtes.

Depuis neuf siècles, les moines du Saint-Bernard continuent, sans relâche, la mission sublime que leur a léguée le grand saint.

Mais ils ont reconnu qu'au milieu des éléments déchaînés, ils étaient bien petits, et ont choisi de puissants auxiliaires, capables de résister aux fureurs des tempêtes : ils ont dressé le chien appelé depuis *chien du mont Saint-Bernard.*

Ce noble animal, qui semble avoir été créé pour ces lieux sauvages, est d'une taille et d'une vigueur remarquables; ses pattes sont larges et entrent difficilement dans la neige, avantage qui lui permet d'aller où les moines ne pourraient pénétrer.

L'instinct de ces chiens est incompréhensible, merveilleux même.

Munis d'un panier plein de pain et de vin que leurs maîtres ont attaché à leur cou, ils s'élancent, dès le point du jour, au milieu de l'ouragan. Ils parcourent la montagne en tous sens, cherchant si pendant la nuit des voyageurs ne se sont point égarés et n'ont point été engloutis par les neiges.

Le moindre bruit qui réveille les échos de la solitude frappe leurs oreilles. Leur voix répond aussitôt au malheureux dont le cri suprême est arrivé jusqu'à eux, et cet homme, que la terrible mort étreignait déjà, sent se ranimer son courage aux aboiements de ses libérateurs.

Nul obstacle n'arrête ces animaux extraordinaires; ils se fraient un chemin à travers la neige, franchissent les précipices avec une ardeur incroyable, et arrivent toujours jusque auprès du voyageur. La mort seule peut les vaincre.

La scène qui se passe alors au milieu des neiges est sublime.

Le chien enlève la neige qui recouvre le malheureux ; il lui lèche les mains et se couche sur lui pour le réchauffer. Quand le vaillant animal voit la vie revenir chez celui qui tout à l'heure encore était un cadavre, il met à la portée de celui-ci les provisions suspendues à son cou, l'aide à se relever et le guide vers le monastère.

Si le voyageur est glacé et que rien ne le rappelle à la vie, le chien par ses aboiements appelle les moines. Mais, si les mugissements de la tempête couvrent sa voix et que personne ne vienne à son aide, il pourvoit autant que possible à la sûreté de son protégé, et part ensuite de toute sa vitesse pour l'hospice d'où il ramène bientôt avec lui un ou plusieurs religieux.

Le nombre des victimes arrachées ainsi à la mort est considérable. Chaque hiver voit ces actes d'héroïsme se renouveler, et jamais le courage des pilotes du mont Saint-Bernard ne se ralentit un instant.

Je ne terminerai pas, mes amis, cet exposé bien incomplet des mérites du chien du mont Saint-Bernard sans vous raconter le trait suivant que rapporte un auteur illustre.

Un des chiens du mont Saint-Bernard, en faisant sa ronde, rencontra un petit garçon âgé de six ans environ, dont la mère était tombée dans un abîme sans qu'il lui fût possible de s'en retirer. Saisi de froid, épuisé de faim, de douleur et de fatigue, le pauvre petit était couché au milieu de la neige, et poussait des gémissements plaintifs. Le chien accourt vers lui, et, levant la tête, il lui montre la provision qu'il tient à son cou.

Ne comprenant rien à la nature de cette offre, l'enfant tressaille de frayeur et fait un mouvement pour s'éloigner. L'animal, afin de l'enhardir, lève doucement la patte; il la pose plus doucement encore sur ses petits pieds, et lèche ses mains engourdies par le froid.

L'enfant, rassuré par ces démonstrations pacifiques et amicales, fait un effort pour se relever, mais ses jambes, ses bras, tout son corps, sont si glacés, si raides qu'il ne peut marcher. Compatissant à sa faiblesse, le bon animal s'approche tout près de lui, et, par un signe expressif, lui fait comprendre de se mettre sur son dos. L'enfant s'y place en effet le mieux qu'il lui est possible, et s'y tient plié en deux. Le chien le porte ainsi avec une grande précaution jusqu'à l'hospice, où l'attendent les soins les plus empressés.

Ce fait produisit une vive sensation dans tous les cantons d'alentour. Un riche particulier se chargea du petit orphelin; il fit peindre cette touchante aventure par un habile artiste, et ce tableau fut placé dans le couvent.

Tels sont, mes chers enfants, les services

que les chiens savent rendre à l'homme. N'abusez point de votre force et de leur douceur.

Si ces animaux lèchent la main qui les frappe, ne vous montrez pas plus cruels qu'eux.

Ayez-en le plus grand soin ; aimez-les et protégez-les surtout contre ceux qui les font souffrir. Criez à ces ingrats, qui méconnaissent les grandes qualités du chien : *Pitié pour eux!...*

III

LA VACHE.

La vache ne s'attache que difficilement à l'homme, et ne possède point toute l'intelligence des animaux dont je viens de vous parler ; vous devez néanmoins être bons envers elle.

C'est surtout à vous, enfants, qui êtes commis à la garde des vaches, que je m'adresse particulièrement dans ce court paragraphe.

La vache est un animal domestique d'une utilité première dans nos exploitations ; c'est elle, comme vous l'avez déjà vu dans d'autres leçons, qui vous donne le lait, le beurre et le fromage que vous aimez tant. C'est elle qui fournit une partie de la viande dont vous faites chaque jour votre nourriture.

Généralement, ce ne sont pas les domestiques de la ferme qui maltraitent le plus les vaches : ce sont les vachers.

Et pourtant, est-ce pour que vous les frappiez que vos parents ou vos maîtres vous ont confié la garde d'un troupeau de vaches? Non, n'est-ce pas? C'est pour que vous les conduisiez dans les endroits où l'herbe croît avec abondance. Malheureusement ces endroits ne sont pas toujours à votre convenance.

Le vacher voisin qui s'ennuie seul vous appelle ou vient à vous, et une partie de plaisir, à laquelle tous les vachers d'alentour viennent se joindre s'organise immédiatement.

Que font pendant ce temps les vaches privées de leur gardien ?

Elles s'échappent du maigre pâturage où, pour vous rapprocher de vos camarades, vous les avez mises sans égard pour leur appétit, et

vont s'ébattre au milieu d'une prairie ou d'un champ de trèfle.

Alors, craignant la venue de votre maître ou du garde champêtre, vous êtes obligés d'abandonner votre chère partie pour reconduire le troupeau au pâturage; et, pour vous venger de la contrariété que vous cause leur escapade, vous les accablez de coups! Telle est toujours la cause qui vous fait brutaliser ces pauvres animaux.

Il en est de même lorsque, les ramenant à la ferme, vous les abandonnez dans la rue pour cueillir des noisettes ou jouer avec des camarades que vous rencontrez. Si elles s'écartent du chemin pour entrer dans un pré ou dans une cour, vous accourez furieux et comme hors de vous-mêmes, sachant bien que vous serez sévèrement châtiés si elles causent quelques dégâts, et alors les coups pleuvent abondamment sur leur dos. Rougissez, mes enfants, d'une aussi odieuse conduite !

Soyez de meilleurs et de plus fidèles gardiens ; ne vous laissez jamais séduire par les attraits du jeu. Veillez sur vos vaches afin qu'elles ne se mêlent point à d'autres et qu'elles ne causent aucun dommage aux voisins de votre maître ; conduisez-les dans les pâturages où l'herbe abonde et qui vous ont été indiqués avant votre départ, et vous n'aurez plus besoin de leur prodiguer des coups inutiles.

Plutôt que de les laisser jeûner, empressez-vous de les rassasier afin de repartir de bonne heure pour la ferme où vous serez employés à d'autres travaux.

Les abus que je vous signale ici, et que je réprouve hautement, se produisent aussi quelquefois à l'égard des moutons et des autres animaux qui sont confiés à vos soins. Votre négligence et l'amour du jeu vous font abandonner votre poste, et de cette négligence il résulte toujours des coups et des brutalités pour les malheureuses bêtes composant votre troupeau.

Triste, bien triste espièglerie que la vôtre, mes enfants!...

Pour ces animaux, je vous dirai, comme pour le cheval et le chien : *Pitié pour eux!...*

IV

LE CHAT.

A vous voir tous, enfants, jouer avec le chat, au risque de recevoir quelque bonne égratignure; à vous voir le combler de caresses, le prendre sur vos genoux pour écouter son *ronron* qui vous charme, on ne croirait guère que, lorsque l'occasion de le faire souffrir se présente à vous, vous en profitiez avec tant de plaisir.

Gare au chat du voisinage qui se laisse prendre lorsque vous jouez dans la rue. Il est bien rare qu'il sorte sain et sauf de vos mains. Heureusement pour lui que par un bond il sait se dérober à vos atteintes, sans quoi, il serait souvent exposé à rentrer dans son grenier avec une patte cassée ou un œil endommagé.

Car, dans ces jeux cruels, rien ne vous arrête; votre cœur est plus insensible que le marbre,

Si vous pouvez le prendre, vous le pendez à une branche d'arbre ; vous le massacrez à coups de pierres ou à coups de bâton; vous poussez même la barbarie jusqu'à lui crever les yeux avant de le précipiter dans la rivière avec un caillou au cou.

Rougissez, mes enfants, et repentez-vous d'un acte inqualifiable qui vous déshonore, qui vous avilit aux yeux des gens de bien.

Il est presque inadmissible, n'est-ce pas, que des enfants puissent imaginer d'aussi hideuses choses ; que des enfants qui jettent les hauts cris à la moindre égratignure ou qui mettent la maison sens dessus-dessous pour la plus petite brûlure, créent d'aussi étranges spectacles pour égayer leurs récréations? Il faut vous avoir vus à l'œuvre pour ne plus douter.

Quand vous vous livrez à ces abominables jeux, vous n'appréciez guère l'utilité du chat dont les défauts les plus saillants sont ceux de menacer les comestibles que la ménagère, par oubli ou par négligence, a laissés trop complaisamment à sa disposition, et de vous donner quelques coups de griffe lorsque vous jouez avec lui ou que vous le taquinez.

Le chat n'est pas un animal de fantaisie, destiné à orner notre foyer; c'est un serviteur qui rend de grands services à l'agriculture en détruisant des milliers de rongeurs qui prélèvent chaque année une forte dîme sur les produits de vos fermes.

Sans lui, mes enfants, vos récoltes seraient détruites ; vos meubles, vos vêtements même seraient rongés et mis hors d'usage. Peut-être

CHAPITRE III

Des Animaux nuisibles.

Ces animaux sont, comme les animaux domestiques, des êtres créés par Dieu qui les a mis sur la terre dans un but certainement utile, mais qu'il lui a plu de nous cacher. S'il nous est permis de les mettre à mort quand ils sont préjudiciables à nos biens et à nos personnes, que ce soit sans inhumanité.

Vous ne devez d'ailleurs user de ce droit, que l'homme s'est arrogé et que je lui contesterai toujours, que dans le cas où la nécessité vous y contraint, car il est cruel d'arracher, inutilement et sans regret, à des animaux inutiles, il est vrai, mais inoffensifs, une vie qui est si chère à toutes les créatures si infimes qu'elles soient.

Agissez toutefois à l'égard des animaux nuisibles comme vous agissez envers les animaux domestiques que vous tuez pour les besoins de votre nourriture : ôtez-leur la vie avec le moins de barbarie possible.

Faites-leur une guerre loyale, et puisqu'il faut absolument les détruire, tuez-les au moins d'un seul coup.

Ne donnez point raison à ces insensés qui, objectant que la plupart des animaux sont insensibles à la douleur, arrachent la tête ou les ailes des mouches, brisent les pattes des hannetons, etc., etc...., parce que, disent-ils, ces animaux sont trop petits pour que la douleur ait prise sur leurs faibles organes.

Cette fausse raison ne mérite pas même l'honneur d'une réfutation ; car, si ces animaux sont petits, en sont-ils moins des êtres organisés? En sont-ils moins des êtres parfaits, chacun dans son espèce.

Or, puisque leur corps est composé d'organes comme le nôtre, il faut admettre sans conteste que pour briser ces membres vivants, pour déranger l'harmonie de ce corps si savamment construit, on ne peut le faire sans que la douleur soit aussi sensible pour eux que pour des animaux plus gros.

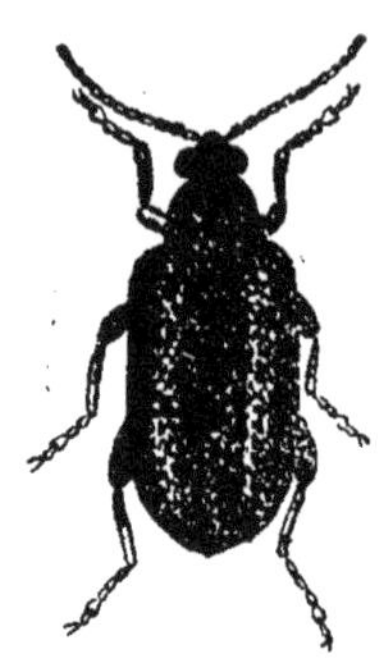

Le pauvre hanneton que vous démembrez pour votre détestable plaisir, souffre autant que le chien auquel vous cassez la patte ; le chat que vous transpercez d'une tige de fer ne souffre guère davantage que la demoiselle ou le papillon que vous attachez à la muraille avec une épingle que vous leur passez au travers du corps.

Laissez donc plutôt vivre les créatures du bon Dieu ; et s'il est quelquefois urgent d'ôter la vie à quelques-unes d'entre elles, faites-le sans cruauté.

A l'égard de ces animaux, je vous dirai à

tous, car tous vous avez à vous reprocher quelques-unes de ces méchancetés que vous croyez innocentes, je vous dirai : *Pitié pour eux !*

CHAPITRE IV.

Des Oiseaux.

I

Considérations sur l'importance et l'utilité des Oiseaux en agriculture et sur la guerre impitoyable et acharnée que leur font les hommes et les enfants.

Tous les végétaux, mes enfants, depuis les plus grands arbres de nos forêts, jusqu'aux herbes de nos champs, jusqu'aux légumes de nos jardins, ont des ennemis terribles, répandus par milliers dans l'espace, des ennemis insaisissables qui se propagent d'une manière effrayante, causant, chaque année, des pertes immenses aux cultivateurs et aux jardiniers qui ne peuvent y apporter aucun remède.

« Contre de tels ennemis l'homme est frappé d'impuissance. Son génie peut mesurer le cours des astres, percer les montagnes, faire marcher les navires contre la tempête ; les monstres des forêts, il les tue ou les soumet à ses lois, mais devant ces myriades d'insectes qui, de tous les points de l'horizon, viennent s'abattre sur les champs cultivés, sa force n'est que faiblesse. Son œil n'est pas assez perçant pour apercecevoir seulement la plupart d'entre eux, sa main trop lente pour les frapper ; et, d'ailleurs quand il les écraserait par milliers, ils renaissent par milliards. D'en haut, d'en bas, à droite, à gauche, leurs innombrables légions se succèdent et se relaient sans trève ni repos.

« Dans cette indestructible armée qui marche à la conquête des œuvres de l'homme, chacun a son mois, son jour, sa saison, son arbre, sa plante, chacun connaît son poste de combat, et nul ne s'y trompe jamais (1). »

Quelles machines l'homme a-t-il inventées pour annéantir ces atomes, géants par leurs œuvres de destruction ?

(1) Monsieur le sénateur baron de Chapuys-Montlaville. Discours prononcé au Sénat le 24 juin 1861.

Quelles armées oppose-t-il à ces innombrables ennemis, sans cesse renaissants?

Livré à ses seules ressources, l'homme n'a pu, ne peut et ne pourra jamais rien contre de tels adversaires.

Si, dès l'origine du monde, Dieu n'eût eu pitié de la faiblesse de son œuvre privilégiée ; s'il n'eût créé les *oiseaux*, l'homme eût succombé.

Contre les insectes, ces destructeurs acharnés des productions de la nature, ce que l'homme impuissant ne peut faire, les oiseaux le font pour lui.

« L'homme, rapporte un savant auteur, ne peut vivre sans les oiseaux, mais les oiseaux peuvent vivre sans l'homme. »

Dans cette lutte éternelle entre l'homme et l'insecte, les oiseaux sont la milice protectrice de l'agriculture et de l'horticulture, des alliés naturels que nous devons, par reconnaissance et par raison, protéger et non détruire, sans quoi nous sommes les artisans de notre propre ruine.

Mais il n'en est malheureusement jamais

ainsi. L'homme, mes enfants, dans son aveugle ingratitude, dans son égoïsme déraisonnable, tue ces êtres charmants par gourmandise, pour le seul plaisir de détruire ou pour faire parade d'une vaine adresse.

Funeste chasse sera celle où l'on mettra à mort les *troglodytes* et les *roitelets* ; non moins funeste chasse sera celle de ces tireurs qui pour trophée de leur adresse abattent une hirondelle

au vol. L'arme meurtrière, si riche qu'elle soit, ne vaut pas le prix de l'inoffensif et gracieux oiseau qu'elle abat, car il s'est nourri par milliers des insectes qui eussent surpassé en nombre ces myriades de grains de sable que la mer, dans son repos, laisse à découvert.

II

Si dans les champs et dans les jardins on a quelques peccadilles à reprocher aux oiseaux, cela découle tout naturellement d'une nécessité de premier ordre : la faim.

Il est juste que ces petites bêtes cherchent leur nourriture, puisque, comme vous, elles sont douées d'un bon appétit.

Il est juste aussi que vous contribuiez à leur subsistance, puisque c'est pour vous qu'elles travaillent. Vous payez et vous nourrissez vos serviteurs; vous consacrez la majeure partie de vos récoltes à la nourriture de vos bestiaux et vous prétendriez avoir dans l'espace des milliers d'agents qui sauvent ces récoltes, votre richesse, et dont vous ne voulez pas leur abandonner la moindre parcelle! Etes-vous raisonnables?

Si, à la vérité, dans vos jardins, ils attaquent les plants de pois; s'ils lèvent un léger tribut sur vos graines, d'un autre côté, ils mangent une infinité de chenilles, de larves de toutes sortes, menaçant sans cesse vos espaliers, vos légumes, et même vos fleurs que vous chérissez à si juste titre.

Le tort causé par les oiseaux est donc bien minime, si on le compare au bien qu'ils font ; et, loin de vous plaindre de leur séjour dans vos propriétés, vous devez vous en estimer heureux.

III

Pourquoi détruire les oiseaux purement *insectivores*, tels que : rossignols, piverts, hirondelles, mésanges, grimpereaux, fauvettes, rou-

Mésange.

ges-gorge, rouges-queue, bergeronnettes, roitelets, pouillots, etc..... dont chacun détruit en un seul jour plusieurs centaines d'insectes les plus redoutables pour vos moissons ?

Quand une personne de bon sens vous blâme, vous ne pouvez dire, pour votre prétendue justification, que ces oiseaux vous sont préjudiciables, puisque, ainsi que vous l'indique leur nom, ils se nourrissent exclusivement d'insectes ?

Sans les oiseaux, enfants, vos blés seraient dévorés par le *ver blanc* ou *larve du hanneton* qui s'attaque à leurs racines et par les *charançons* qui s'attaquent aux grains à peine formés.

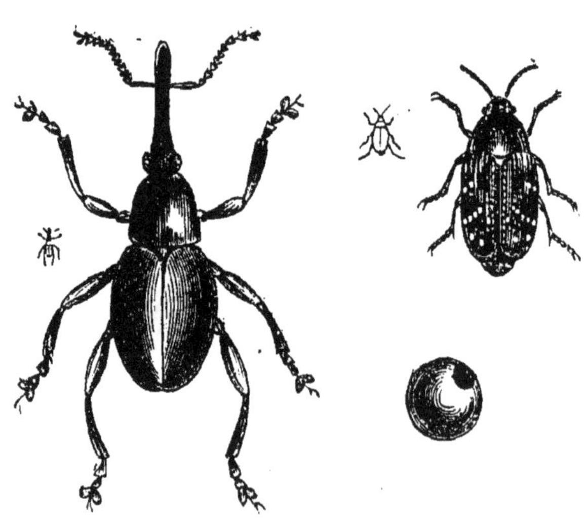

Charançon du trèfle (très-grossi). — Bruche du pois (très-grossi).

Sans les oiseaux, vos vignes seraient ruinées

Pyrale de la vigne et sa chenille.

par la *pyrale*. Sans les oiseaux, les crucifères, et notamment le colza, seraient détruits par les

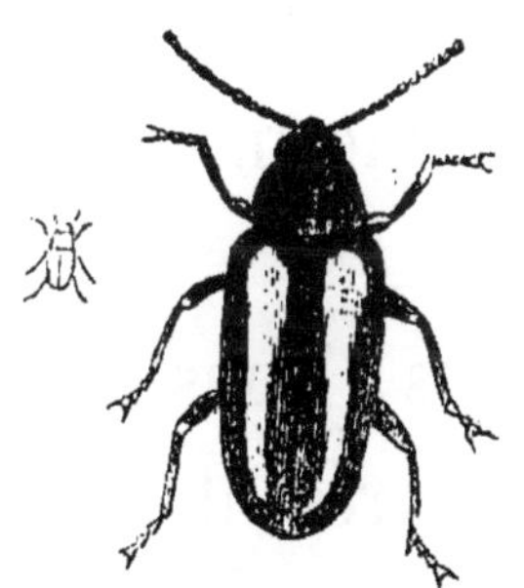

Altise et sa larve (très-grossi). — Puces de terre.

altises ou *puces de terre*. Sans les oiseaux, *la larve de la bruche*, qui se nourrit de pois et de lentilles dont elle ne laisse souvent que l'enveloppe au jardinier, appauvrirait vos champs et vos jardins. Sans les oiseaux, les *courtillières*

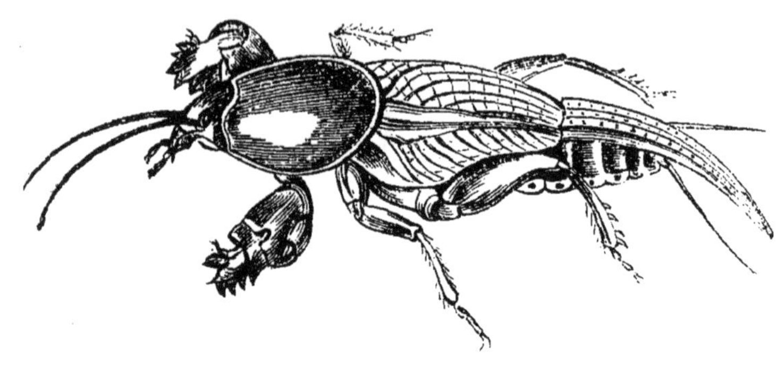

Courtillière-taupe-grillon.

et autres *insectes fouilleurs* dévoreraient les racines des légumineuses. Sans les oiseaux, enfin, les arbres de vos vergers ne seraient que des squelettes : les feuilles, les fleurs, les fruits, tout deviendrait la proie d'une multitude d'insectes de tous genres.

Ingrats que nous sommes! Nous n'avons de sensibilité que pour le mal présent, sans écouter la prudence qui dicte de songer à celui que la sagesse nous enseigne d'éviter; pas un de nous ne compterait les pertes que le cultivateur et le jardinier éprouveraient sans ces *voyageurs insectivores*.

IV

Ce n'est pas tout, les récoltes que le cultivateur a recueillies au prix de tant de sueurs et de fatigue ne sont pas hors de danger lorsqu'elles sont engrangées : un ennemi non moins terrible et d'un autre genre les attend là où vous pourriez les croire garanties de toute destruction.

La moisson terminée, les rats, les souris, les mulots, les campagnols, etc...., arrivent des champs dépouillés et s'établissent sans façon au milieu de vos gerbes et les rongent.

Ces animaux sont en si grand nombre dans vos granges et dans vos meules que vos chats, malgré leur activité, ne parviendraient jamais seuls à les détruire, et d'ailleurs, pourraient-ils les atteindre tous au milieu des gerbes entassées.

Eh bien! chers petits, Dieu, dans son immortelle sagesse, dans son inépuisable bonté pour l'homme, a mis le remède à côté du mal : pour faire la chasse à ces rongeurs effrontés qui pénètrent jusque dans les demeures de l'homme, il a créé les *oiseaux carnivores nocturnes*.

Chouette.

Mais, quoique les services de ces oiseaux soient aussi entièrement gratuits, ils n'ont pas non plus trouvé grâce devant la sottise et la crédulité de l'homme. Ces oiseaux, d'une utilité de premier ordre, sont redoutés des habitants des campagnes qui les regardent comme des animaux de mauvais augure.

Ce sot préjugé est tellement enraciné chez les paysans, qu'ils redoutent moins d'entendre les hurlements des bêtes fauves dans les bois que le cri des oiseaux nocturnes.

Quand la chouette trouble par son cri le silence de la nuit; quand, voltigeant dans l'obscurité, elle vient effleurer de son aile la fenêtre d'une chaumière, le cœur de ceux que les plaisirs de la *veillée* ont réunis autour du foyer se glace d'effroi, leur sang se fige dans leurs veines : la mort les visitera inévitablement.

Est-il possible de pousser la simplicité plus loin ? Comment cet oiseau inoffensif connaîtrait-il les secrets desseins de Dieu ? Si votre vie doit être tranchée dans un laps de temps rapproché, qui a pu l'en avertir ?.....

Détrompez-vous, mes chers enfants, et détrompez vos parents; que cette grossière erreur disparaisse entièrement et au plus tôt de nos villages. Ces oiseaux n'ont pas été créés pour être de sinistres prophètes, mais pour défendre vos récoltes contre les ravages des rongeurs.

Gardez-vous donc bien de les détruire.

Au lieu d'attacher le *chat-huant* à la porte de votre grange comme un trophée, ménagez plutôt des ouvertures aux murailles afin qu'il entre facilement dans l'intérieur des bâtiments.

Il vous rendra plus de services de cette façon que cloué à un poteau.

V

L'homme ingrat et déloyal, qui fait alliance contre ses bienfaiteurs avec le milan et l'épervier, n'est pourtant pas le seul qui s'ingénie à trouver des moyens de détruire ces douces et utiles créatures dont je viens en quelques mots de vous énumérer les signalés services.

Les oiseaux ont encore d'impitoyables ennemis en vous, mes enfants, qui devriez les aimer, au moins à cause de leur gentillesse, si vous ignorez leur utilité.

Il m'est bien dûr de vous donner les noms de destructeurs et de bourreaux qui ne conviennent pas à votre âge, il m'est bien pénible de vous voir poursuivre avec un cruel acharnement des êtres innocents dont les nids, les œufs et les petits même, ne sont dans vos mains que des jouets d'un instant.

Quand vient le printemps, le plus cher de vos amusements est la chasse à travers les taillis où vous cherchez des nids afin d'en enlever les œufs ou la couvée.

Jouant votre vie, vous grimpez dans les arbres pour enlever un nid placé à l'extrémité d'une branche qui peut casser sous votre poids; vous fourrez imprudemment votre bras dans des trous où à la place des œufs et des petits que vous cherchez vous pouvez trouver un reptile qui vous donne la mort par ses morsures empoisonnées.

L'amour de la destruction est donc bien fort chez vous lorsque vous enlevez ce nid charmant que la mère a construit avec tant de peine; lorsque vous prenez ces jolis petits œufs, son plus doux espoir, pour les anéantir!...

Enfants cruels, arrêtez votre bras dévastateur, l'œuf fragile que vous allez briser renferme un petit être vivant, l'espoir de toute une génération!.....

Qui charmera vos promenades champêtres si vous détruisez les gracieux chantres de la forêt? Le sublime et harmonieux concert qu'ils exécutent chaque jour sous la feuillée n'aura plus lieu, et la nature restera muette et désolée.

Respectez la liberté des oiseaux ; jamais dans une cage, ils ne seront aussi heureux ni aussi beaux que, lorsque, libres dans l'espace, ils jettent au ciel leurs notes mélodieuses ; jamais leur chant ne sera aussi gracieux dans une cage que lorsqu'ils voltigent de branche en branche sous les vertes arcades de la forêt.

Vous me direz que c'est par affection pour eux et pour en prendre soin que vous les emprisonnez. Cette raison est inadmissible. Que vous les mettiez dans une cage aussi somptueuse, aussi dorée qu'un palais, cette cage ne sera qu'une étroite prison si on la compare au magnifique théâtre de la nature, théâtre qui a pour décors les montagnes, les vallées, les forêts, les mers et les fleuves, et, pour coupole, la voûte azurée où resplendissent des milliers d'astres flamboyants.

Si, véritablement, vous aimez les petits oiseaux, prouvez-le en les laissant joyeusement et librement s'ébattre sur l'herbe fine de la prairie. Laissez-les faire la chasse aux insectes qui peuplent les mille fleurs dont le gazon est émailllé.

Enfants, quand vous vous êtes emparés d'un nid, au lieu de prendre la fuite comme des larrons; restez cachés derrière le buisson qui abritait la couvée.

Alors, à moins que votre cœur soit impitoyable, vous regretterez amèrement votre vilaine action en voyant le désespoir de cette pauvre mère qui apporte une fortifiante nourriture à ses bien-aimés et qui ne trouve plus rien!...

Oh! laissez, enfants, laissez aux oiseaux utiles, leur liberté; reconnaissez avec plus de discernement vos amis; soyez émus à la tendresse de ces mères qui, folles de douleur, se livrent à vous sans défense plutôt que d'abandonner leurs chers petits. Si, vous avez la cruauté de lui ravir ses petits, ne soyez pas insensibles à ses cris désespérés, qu'elle lance vers le ciel comme une malédiction contre le ravisseur!

Eh quoi! après avoir été témoin de ce touchant spectacle de l'amour maternel, vous ne vous corrigeriez pas, vous recommenceriez vos chasses à travers les bois, détruisant les nids et les œufs!

Non, mes chers enfants, vous ne le ferez plus, car je demande pitié pour eux..... pitié pour eux!!!

FIN.

TABLE DES MATIÈRES.

INTRODUCTION.

CHAPITRE Ier.

CONSIDÉRATIONS GÉNÉRALES.

CHAPITRE II.

LES ANIMAUX DOMESTIQUES.

CHAPITRE III.

CHAPITRE IV.

DES OISEAUX.

Paris, imprimerie Paul Dupont, rue de Grenelle-St-Honoré, 45.

www.ingramcontent.com/pod-product-compliance
Ingram Content Group UK Ltd.
Pitfield, Milton Keynes, MK11 3LW, UK
UKHW021631260726
13994UKWH00003B/1170

9 782329 325484